Par J.-F. Joseph de Neufville de
Brunaubois - Montador .

Z.

LA NOUVELLE
ASTRONOMIE
DU PARNASSE
FRANÇOIS,

O U

L'APOTHEOSE

DES ECRIVAINS
VIVANS

Dans la préfente Année 1740.

Sur l'Imprimé

AU PARNASSE,
Chez VÉROLOGUE, Seul Impri-
meur d'Apollon pour la Satyre
en profe.

M. DCC. XL.

LA NOUVELLE
ASTRONOMIE
DU PARNASSE
FRANÇOIS,

o v

L'APOTHEOSE
DES ECRIVAINS
VIVANS

Dans la préfente Année 1740.

Sur l'Imprimé

AU PARNASSE,

Chez VÉROLOGUE, Seul Impri-
meur d'Apollon pour la Satyre
en profe.

M. DCC. XL.

ORDONNANCE D'APOLLON

POUR L'APOTHEOSE
des Auteurs.

PHÉBUS-APOLLON-SOLEIL, Empereur du double Hémiſphere, Roi du Jour, Prince des Peuples lumineux des Régions Éthérées, Souverain de la Double Coline, Suprême Protecteur des Muſes, Directeur Général des Arts & Sciences, par toute la Terre habitable, &c. &c. &c. A tous ceux qui ces Préſentes verront, de quelque rang & qualité qu'ils ſoient, SALUT.

Fatigué du pénible exercice de mon immenſe Autorité, déja depuis près d'un ſiécle j'ai formé le deſſein d'y renoncer. Dans cette réſolution j'ai ſouvent reſſenti que plus le rang qu'on occupe eſt éminent, plus il eſt triſte d'être privé d'une poſtérité qui puiſſe y ſuccéder. Car, quoique j'aie deux fils, *Esculape* & *Phaëton*; je les vois avec une vive douleur, tous deux incapables d'être revêtus de ma divine autorité.

La pourrois-je en effet confier à un destructeur de la Nature, à un cruel, qui ne se plait qu'à verser le sang ou à empoisonner les hommes? Cet Esculape (impérieux Tyran, qui ne regne que trop à l'aide de l'imbécile confiance & de la crédulité timide) n'est-il pas légitimement exclus de la succession à ma Puissance, qui n'a pour but que la formation & le maintien des Etres; lui qui ne sçait que perdre & anéantir, & qui pour en venir plus facilement à bout, s'est associé, & s'associe encore tous les jours un nombre considérable d'hommes féroces, ausquels il aprend ses pernicieux secrets, & par les mains desquels il distribuë ses poisons subtils, sous des titres imposteurs?

N'y auroit-il pas autant de danger à la remettre au téméraire Phaëton, après ce que je sçais de son incapacité? Je me souviendrai toujours avec un regret infini de la ridicule complaisance que j'eus de lui céder les rênes de mes Courfiers indomptés, comment il se laissa emporter à leur course rapide, qu'en un moment il fut sur le point, par son peu d'expérience, d'em-

braſer l'Univers, & ſe précipitant du haut
de la Voute azurée, fit une chûte ſi mé-
morable, que les hommes l'ont éterniſée
dans leurs chroniques, ſoit par des récits
ſérieux, ſoit par des plaiſanteries; & qu'il
n'y a pas juſqu'au Théatre des Marion-
nettes où l'on ne ſe ſoit aviſé de parler de
cette avanture.

Quand j'ai réfléchi à cette cruauté du
Deſtin, de ne m'avoir donné que deux
fils ſi peu dignes de moi, & ſi incapables
d'être mes ſucceſſeurs, j'ai cent fois éprou-
vé des incertitudes, & preſque renoncé à
mon deſſein. Tous les ans néanmoins il
m'eſt revenu dans l'eſprit, & j'ai ſoigneu-
lement examiné tous mes Sujets, pour en
découvrir un qui méritât mon pouvoir
abſolu & mes titres ſublimes. Enfin, après
un ſiecle de recherches, je fixe aujour-
d'hui mon choix, & veux bien le déclarer
par cette Ordonnance irrévocable.

Quoique la coutume des Princes ſoit,
ſurtout dans les conjonctures importan-
tes, d'aſſembler leurs Conſeils, pour les
aider à prendre leur réſolution, & à ne
rien faire que d'équitable & digne de leur
Majeſté, j'ai cru devoir en ce cas-ci m'é-
carter de cet uſage, qui n'eſt ſouvent qu'u-
ne formalité vaine, & qui ne ſert qu'à en

imposer au stupide vulgaire. Sur les choses résoluës, les délibérations sont inutiles, & ne peuvent servir tout-au-plus qu'à des Scenes comiques. Je ne voulois point que l'on s'opposât à mon abdication, & peut-être l'eût-on fait. Quant au choix du Sujet, j'ai prévu que plus je consulterois, plus je serois embarrassé à me décider. Où aurois-je trouvé des Conseillers exempts d'orgueil, qui n'eussent pas brigué pour eux-mêmes ce que je donne aujourd'hui à un Sujet, dont le mérite aigrit presque tous ceux dont j'aurois pu demander les avis.

Toutefois, sur un point de cette importance, comme il est dangereux de se tromper, malgré mes lumieres universelles, j'ai fait venir pour me déterminer un certain Personnage fort répandu dans le monde, & qui suit si communément le mérite, qu'il doit mieux le connoître que personne; jugeant bien que son suffrage seroit irreprochable, & que l'envie ne me pourroit indiquer que quelqu'un de vraiment digne d'être élevé à la Place que je quitte. Et comme jusqu'à ce moment l'Envie & moi n'avions jamais eu aucune relation ensemble, ceux qui seront mécontents de la présente Ordonnance, pourroient, sous le prétexte que je ne devrois pas la connoître, vouloir persuader que je me suis trompé, & que c'est à la Flaterie que je me suis adressé : Il me plait donc d'indiquer ici les marques ausquelles je l'ai distinguée.

Par des plaintes continuelles, elle témoigne ses secrets ennuis. Lors qu'elle voit quelqu'un d'heureux, elle soupire, gémit & de couroux grince les dents. Une sueur froide lui coule à tous momens sur le visage, que la pâleur & la maigreur défigurent. Ses yeux hagards ne voient le jour qu'à regret, & le doux Sommeil ne sçauroit néanmoins les lui fermer. Son haleine est un poison brûlant, & sa langue en est tout infectée. Jamais on ne l'a vu rire, que lorsque la Fortune s'est immolé quelques victimes. Enfin, elle portoit en sa main une boëte remplie des plus subtils venins qu'elle ait jamais composés, & sur laquelle étoit posée cette étiquette : *VOLTAI-ROMANIE.*

L'on juge bien qu'il ne m'étoit pas possible de me méprendre à ces traits. Ainsi, que ceux qui ne voudront pas se soumettre au présent Réglement, n'appuient pas leur indocilité sur cette fausse excuse, & sçachent que j'ai apporté à ceci toute l'exactitude & toute l'équité possibles,

A CES CAUSES, Je veux & j'ordonne
que VOLTAIRE soit dorénavant révéré
comme il convient à la dignité de SOLEIL,
que je lui accorde & céde par ces Présentes, sans qu'il lui soit besoin d'autres Con-
cessions ni Patentes ; en attendant, qu'il
jouisse de tous les droits & prérogatives
attachés à ladite sublime Dignité, comme
de courir d'un bout du monde à l'autre, de
passer la moitié du temps dans les Antipo-
des, de s'éclypser quelquefois, '&c. &
qu'il porte les titres de *Brillant*, de *Lumi-*
neux, de *Déterminé*, & autres qui m'ont
été réservés jusqu'à ce jour, en cette qualité, ainsi qu'en celles de Souverain du Parnasse & de Pere de la Poësie, qu'il a si bien
méritées par quantité de beaux Ouvrages
au dessus de tout éloge, mais surtout par
l'immortelle *HENRIADE*, digne d'avoir
pour admiratrice une génération plus équitable que celle qui habite maintenant mes
Etats. Ma volonté absoluë est donc qu'il
commande deformais souverainement à
tout ce Peuple indocile & jaloux, qui,
comme des basilics pernicieux, ne le re-
gardoit que pour l'anéantir ; & qu'à commencer de ce jour, que l'on comptera se-
lon le calcul commun l'An 7740 de mon

Empire, on fixe toutes les Dates par l'époque de mon Abdication & de son Regne.

Mais avant que de lui remettre mon Autorité en mains, j'ai jugé à propos de m'en servir encore à récompenser tous mes Sujets les plus distingués, en leur assignant à chacun des places convenables aux services qu'ils ont rendus à moi ou à mes Etats, & j'enjoins à mondit Successeur de les faire joüir des rangs que je vais aussi leur assigner par les Présentes.

On ne sera pas étonné qu'un événement tel que celui que j'annonce ici, fasse une mutation dans tous les Corps célestes. On est accoutumé, quand un Gouvernement se renouvelle, à voir la face des Cours se changer, & tous les Emplois passer en de nouvelles mains. C'est en réfléchissant à cette coutume, que j'ai cru, en considération des mérites & services de divers Auteurs, leur devoir assigner les places les plus remarquables de l'Empire Céleste.

Quand les hommes, pour se former une idée des Astres, leur imposerent certains noms, ils ne considérerent en cela que la facilité de s'entendre, & très-peu les rapports qu'il devoit y avoir entre ces noms-là & les objets ausquels ils les attachoient ;

en forte que la plupart font auffi peu propres aux Aftres que les furnoms pompeux
de certaines Familles illuftres, mais étein-
tes, le font à des Jafmins & à des Cham-
pagnes devenus Financiers.

Mais quoi qu'il en foit des convenances
ou difconvenances de ces dénominations
aftronomiques, fi le caprice ou le hazard les
ont déterminées, l'ufage les a confacrées;
étant en effet fort indifférent d'en donner
d'autres, & n'étant pas poffible d'en ima-
giner le changement, fans commettre un
crime de leze-Aftrologie. Infenfiblement
l'efprit s'eft accoutumé à fe former de ces
fortes de fignes les mêmes figures qu'il fe
forme des chofes connues aufquelles ils
font propres & naturels. Pour ne pas defo-
rienter le Public, j'ai eu égard à ces mêmes
idées communes : & c'eft fur les notions
univerfellement reçuës que j'ai rédigé &
formé ce nouveau Zodiaque, pour fervir
aux obfervations du Parnaffe François. Et
c'eft même afin que l'on juge qu'il y a plus
de rapport entre les noms nouveaux que
j'impofe, & ceux qui font en ufage, &
dont ils ne font que fynonimes, que j'ai
expliqué ce qui pouvoit n'être pas affez
connu. Car, quoique mon rang me puiffe
exempter de rendre compte de ma con-

duite, j'aime encore mieux ne m'en pas
faire un titre d'*Infaillibilité*, (ce qui est si
commode) & ne pas laisser en doute que
ce n'est ni caprice, ni prévention, ni foi-
blesse, ni entêtement, qui me fait agir, &
qu'on ne puisse croire que mon grand âge,
qui me porte à abdiquer, me fasse aussi ra-
doter. Je n'ai laissé sans explication que ce
qui est si clair, que chacun le connoîtra
mieux que je ne le ferois entendre.

PLANETTES.

II. SATURNE. Il déshonora son pe-re } ROUSSEAU.

III. JUPITER. & son *SATELLITE* fugitif, après le-quel on est tous les jours à l'affut. } CRE'BILLON. *CATILINA* fu-gitif, & qu'on at-tend tous les jours.

IV. MARS. } POLYBE FOLLARD.

V. VÉNUS, la plus brillante & la mieux-faisante des Planettes. } MELFORT, *a* dont les sentimens sont aussi élevés que les lumieres sont étenduës.

VI. MERCURE. } Comme plusieurs pourroient avoir de justes prétentions à ce titre, & que je ne voudrois pas les mécontenter, je serois fort embarrassé si certain Ecrivain *b* n'en étoit en possession; & je le lui conserve à condition qu'il prendra pour sa Devise : *Extraneus dotat me labor,* c

VII. LA LUNE. } GOMEZ, Mere du Sommeil.

(a) Mde la Duchesse de *Melfort,* à S. G. en Laye. — (b) *La Roque.* — (c) *Je m'enrichis du travail d'autrui.*

SIGNES

SIGNES
DU ZODIAQUE.

Le BÉLIER, dont la tête dure est pas-sée en proverbe. } GOUJET.

Le TAUREAU rendu BŒUF. } D'OLIVET.

Les GÉMEAUX féminisés. } GOGO & CRONEL, *

L'ÉCREVISSE, animal qui va à re-culons. } DE L'ISLE.

Le LION, dont on dit que l'éter-nument a produit la race des Chats. } MONCRIF.

La VIERGE. } THÉLAMIRE, à laquelle personne ne touchera.

La BALANCE. } Le JOURNAL des Sa-vans.

---

* Actrices de la Comédie de Rouen.

Le SCORPION. } Le Trévoux. *

Le SAGITAIRE. } Pour et Contre.

Le CAPRICORNE. } Roi. Quelques prétentions que plusieurs autres que lui aient à cette place, j'espere que personne ne murmurera, & qu'on voudra bien l'en laisser jouir en paix.

Le VERSEAU. } Castera, qui ne fait que de l'eau claire, & dont les Ecrits sont aussi froids que les glaces de Janvier.

Les POISSONS, représentés par 2 Marsoüins. } La Mare, Descazeaux.

La GRANDE OURSE, emmuselée. } Gayot de Pitaval,

—————

* Le Journal.

La PETITE OURSE mal lêchée.	La JEUNE MUSE à la bavette. (a)
Le SERPENT, animal rampant & piquant.	D'ARGENS.
Le CHEVAL de bât.	Le CHEVAL, PELLEGRIN. (b)
La COUPE dans laquelle Hébé servoit la liqueur divine, symbole d'un Génie heureux, agréable & fécond.	LEVESQUE.
La BALEINE, qui engloutit Jonas, & le rejetta dans le même état.	LA CHAUSSE'E, qui a pris Maximien, & l'a rendu sans qu'il parût changé.
LE PO. c Dans le nombre des Etoi-	LA TROUPE ITALIENNE.

(a) *Peßelier.* Une Dame fort spirituelle lui envoya au nom du Public un *Hochet*, pour le remercier des Etrennes de la *Jeune Muse.* — (b) L'Abbé met sur le compte de celui-ci toutes les mauvaises Pieces. — (c) En Latin, *Eridanus.*

les qui composent cette Constellation, une est extrêmement *brillante*. } SYLVIA.

Le VAUTOUR, (tombant ou tombé) oiseau de rapine. } ROMAGNESI.

Le CENTAURE, monstre plus cheval qu'homme. } TANZAÏ.

Le PETIT CHEVAL sans bouche ni éperons. } D'ARNAULT.

LES FLECHES. } LES NOUVELLES ECCLÉSIASTIQUES.

LE POISSON du midi. } LA GRANGE CHANCEL.

Le SERPENTAIRE. (Un homme tenant un *serpent*, dont il est maître) symbole de la Prudence. } LE SAGE, autant d'effet que de nom. Ecrivain aussi prudent que judicieux.

LA VOYE LACTE'E.	LE STILE DE BOISSY.
LA POULE.	MALCRAIS, qui a fait bien des Jocriffes. *
LE CORBEAU, Oifeau de voirie, qui ne fe plaît qu'aux ordures.	PIRON.
L'HYDRE, Serpent *aquatique*, & dont les têtes fe fuccedent les unes aux autres.	DES FONTAINES.
HERCULE, illuftre par un grand nombre de travaux, entre lefquels on compte la défaite de l'*Hydre*.	DE MOUHY, tenant en main *le Mérite vengé*, Ouvrage qui a le plus décrédité *Des Fontaines*.

---

* M. Desforges Maillard, Avocat de Bretagne, a fait quantité de petites Poëfies fous fe nom de Mademoifelle de Malcrais ; & quantité d'Auteurs lui ont rendu des hommages publics, croyant que c'étoit vraiment une fille.

ORION, qui se leve toujours devant LES PLEYADES.	LA SERRE, qui a mis son nom au-devant de tous LES OUVRAGES de Madelle de L.
LA CHEVELU-RE de Bérénice.	LA PERRUQUE de Pellegrin. *a*
LE COCHER.	FONTENELLES, qui depuis long-temps tient les rênes de la Littérature.
LA COURONNE d'Arianne.	LA COURONNE de Marianne. *b*
LA GRUE.	BOUJEANT.
LE LIEVRE, Animal léger à la course, & qui, selon le Proverbe, perd la mémoire en courant.	ALARY, qui court les honneurs, & qui en oublie le souvenir de son origine. *c*
L'AUTEL.	LE TEMPLE DE GNIDE. *d*

(*a*) L'Abbé. — (b) *Marivaux.* — (c) Il est fils d'Apoticaire. — (d) Le Président *de Montesquieu.*

LE PAON.	NERICAULT, avec la *Préface* du Glorieux.
LA LYRE, Symbole de la Musique & de la Poësie.	BRASSAC, distingué par ces deux talens.
LE LOUP.	LANGUET. *a*
LE NAVIRE D'ARGOS, qui porta Médée & ses Poisons.	L'OPERA. *b*
A la place de CASSIOPE.	DIDON. *c*
Au lieu de l'AIGLE.	LE PERROQUET. *d*
Au lieu du TRIANGLE, le Z.	PROCOPE.

──────────────

(a). *De Sens.* Car son frere né doit point avoir de place ici, n'ayant jamais fait imprimer que la *Liste de la Loterie de S. Sulpice.* ── (b) *Le Magazin de* ── (c) *De Le Franc.* ── (d) *Ver-Vert, de Gresset.*

LE PHENIX. } LA PUDEUR.a

LE CIGNE. } ROLLIN.

LE GRAND CHIEN. } MASSILLON.

LA CANICULE, la plus chaude des Constellations. } DUVAL, b qui a fait le Ballet des Génies.

LA DORADE, Poisson de mer, dont les écailles font brillantes, & la chair mal faine. } THERESE. c

LE DAUPHIN, Poisson, ami de l'homme, & qui du fein des flots où il alloit périr, porta Amphion fur le rivage. } CLAVILLE, d dont les Ouvrages, guides affurés à la vertu, témoignent affez le bien qu'il veut à fes femblables.

LE SINGE, fait en faveur de . . . } RACINE.

(a) Composée par un Gentilhomme nommé M. le Chev. de Neufville. — (b) Fille d'Opera, appellée vulgairement la Constitution. — (c) Lettres d'un stile affez brillant, mais propres à gâter le goût. — (d). Auteur du Traité du vrai Mérite.

PHENOMENES,

METEORES, &c.

L'AURORE , qui
fuit toujours le ⎬ Du Chatelet. *a*
Soleil.

LE CREPUS-
CULE. ⎬ Richer. *b*

LE TONNERRE,
qui excite la ter- ⎬ Prevost. *c*
reur.

LA GRESLE , qui
tombe lourdement. ⎬ Morand. *d*

LA PLUYE , qui
rend le temps en- ⎬ La Grange. *e*
nuyeux.

(*a*) Madame la Marquife. —— (*b*) Auteur de
Sabinus & de quelques *Fables*. —— (*c*) Auteur
d'Hiftoires fort tragiques. —— (*d*) Auteur de
l'*Efprit du Divorce*. —— (*e*) Auteur du *Rajeuniſ-*
ſement inutile, &c,.

LE VENT, dans le sens qu'on dit, plein de vent.	LA NOUE. *a*
LES ETOILES ERRANTES.	LES PIECES FUGITI-VES DE GRECOURT.
LE FEU SAINT-ELME.	L'ELOGE DE LA PAIX. *b*
COMETES.	SETHOS. *c*
AKOUSMATES, Bruits de voix tu-multueuses.	LES CAFFE's de Procope & Gradot.

(*a*) Auteur de *Mahomet II.* & Comédien de Province. —— (*b*) Par M. *l'Abbé de la Baume.* —— (*c*) *L'Abbé Le Blanc*, qui a fait aussi *Abusaid.*

Et autres, que je laisse au choix & à la volonté de mondit Successeur, pour commencer par là l'exercice de son auto-rité, suivant ce qu'il connoit de mes in-tentions ; & à la charge qu'ils compose-

ront les Ouvrages aufquels ils feront en-
gagés.

ORDONNANT de plus que le préfent Reglement & Edit, foit lu & publié, vendu,
colporté & diſtribué dans toute l'étenduë
de mon Domaine; & ce, nonobſtant cla-
meur de Critique, Satyre chagrine, &
même toute remontrance baroque de mon
bon Sénat l'Académie Françoiſe, auquel
Nous interdiſons dès-à-préfent toute con-
noiſſance des conteſtations nées & à naître
à ce fujet, en réfervant le Jugement défi-
nitif à mondit Succeſſeur, fi le cas y é-
choit : fous peine à mondit Sénat d'être
transféré & relegué aux Petites Maiſons,
s'il entreprenoit rien qui y eût rapport.
DONNE dans ma Cour Céleſte, le premier Décembre, l'An 7739.

Signé, APOLLON.

Et plus bas : Par le Soleil.

FURETIERE.

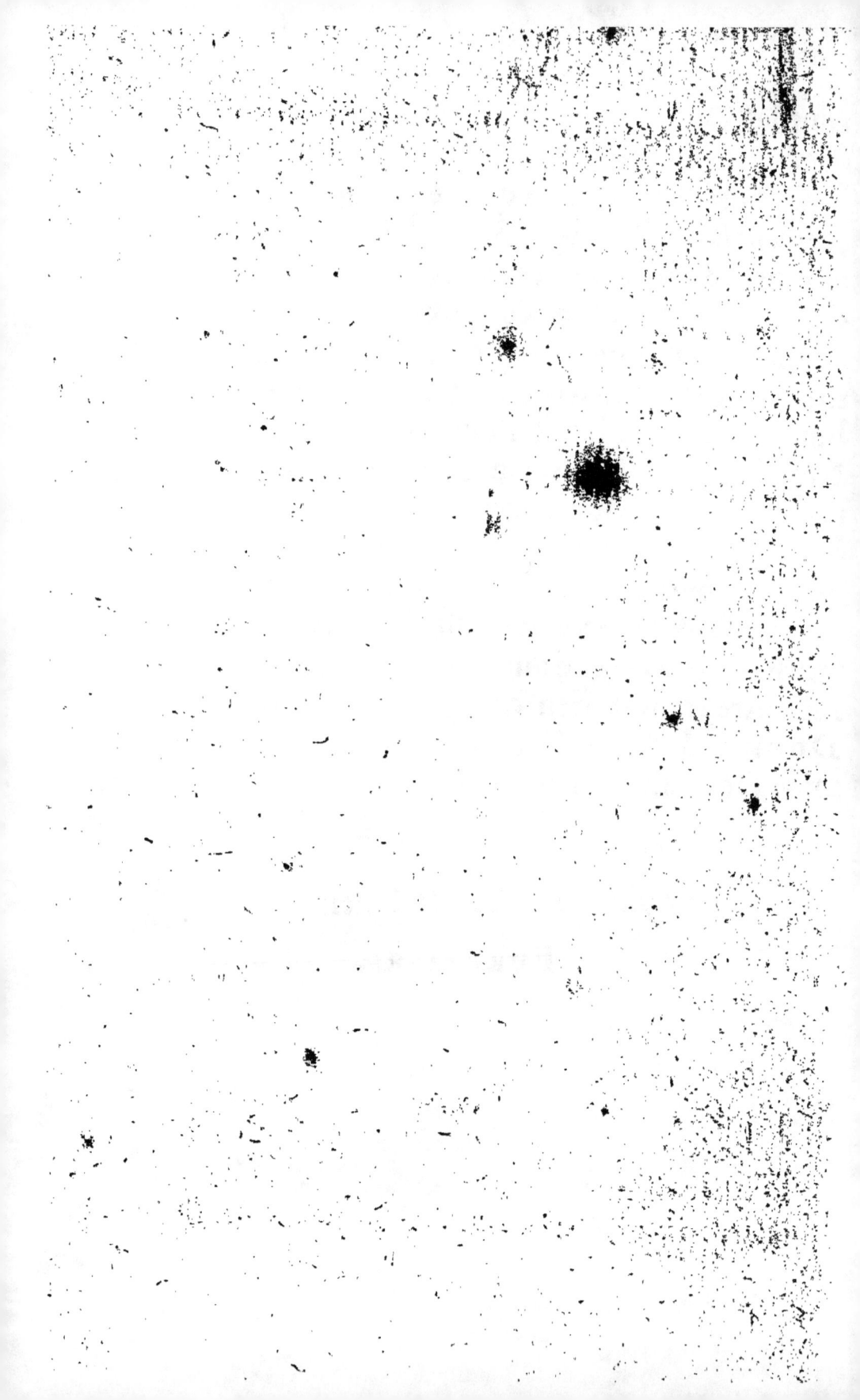

CATALOGUE

Des Livres qui paroîtront dans l'Année 1740.

De Messieurs de l'Académie Françoise.

NOUVEAU REGLEMENT pour la distribution des Prix, qui statuë que dorénavant les Piéces qu'on en voudra bien gratifier, seront imprimées, & les Auteurs connus quinze jours devant la Séance publique.

Preuves de l'Histoire des VII. Dormants, par les XL, de l'Académie.

Dissertation sur ce qu'un Académicien peut gagner chaque jour d'Assemblée, lorsqu'il y est assidu ; & un Traité du Change des Jettons de ladite Académie, par douze de ses Membres.

Œuvres Mêlées de M. de Crébillon, contenant un Eloge des Huitres ; Des Recherches curieuses sur le Tabac à fu-

C

mer : Deux Diſſertations ſur les Pipes Françoiſes, Hollandoiſes & Turques ; Les Regles de l'Eſtaminée. Diverſes Lettres écrites à un Chartreux d'Utrecht, au ſujet d'une Tragédie de *Catilina*.

Les Contes à dormir de bout, & Petites Fadaiſes en vers, par M. de Moncrif.

L'Hiſtoire des Pommes en Madrigaux, tirée de pluſieurs Chanſons du ſiecle paſſé, par M. Danchet.

Du prix des Panégyriques & Oraiſons Funebres, tant à acheter qu'à vendre, par M. l'*Abbé Séguy*.

Le Conte des trois Barils, ou la Moutarde de Dijon, par un Anonyme de la même Académie.

La Vie du P. Barnabas à la Béquille, par M. l'Archevêque de Sens.

Inſtrumenta Paſtoralia : Unum de Potionibus abortivis, *in quo dilucidantur & approbativè proponuntur univerſi modi illas componendi.*

Alterum de Matrimoniis clandeſtinis, *propugnans* Pueros *adverſùs* Parentes, Legeſque & Uſus Imperii Gallicani Senatuum. *Ab eodem Autore.*

La Pharmacie Pratique. Ouvrage poſthume du feu Sieur Alary, Apoticaire

de la Montagne Sainte-Généviéve, donné
au Public par M. l'Abbé Alary, son fils.

Gros-Jean qui remontre à son Curé,
par M. l'Abbé d'Olivet, Auteur des Remarques sur Racine.

De Messieurs les Censeurs des Livres.

PAR LE CORPS EN GÉNÉRAL.

Traité du Dépotisme sur les Auteurs.
Priviléges & Prérogatives de la Censure, contenant plusieurs Titres : Sçavoir,
Incapacité, Lenteur, Caprice, Partialité,
Entêtement, Injustice, Suffisance, &c.

Choix de divers Ouvrages que ces Messieurs offrent d'approuver par préférence
à beaucoup d'autres.

L'Arrangement d'une Batterie de Cuisine, par l'Auteur des *Dons de Comus*,
pour servir de supplément à ce premier
Traité.

Le Pâté en pot, & le Bœuf à la mode:
Poëmes par l'Auteur du *Festin joyeux*.

Le Dictionnaire du Billard & de la
Paume, par l'Auteur du *Dictionnaire des
Chasses*. Avec deux Dissertations, où l'on

recherche pourquoi les Tripots font barbouillés en noir : & pourquoi les Tables de Billard font couvertes de drap verd.

Les Regles du Jeu de Brelan, à trois, à quatre, & à cinq.

Corrections & Changemens au Jeu de l'Oye, & plusieurs autres Livres de même nature, tous fort instructifs, & très importans.

De la commodité qu'il y a d'être Censeur, pour loüer & approuver ses propres Ouvrages, par M. *De la Serre.* On y a joint quelques Réfléxions judicieuses de M. l'*Abbé des Fontaines*, qui montrent que les Observateurs ont le même Droit.

De l'attention que Messieurs les Censeurs doivent faire aux Livres qu'on leur donne à approuver, par M. *Courchetet.*

De Monsieur Prevost.

L'Itinéraire des Bénédictins depuis Paris jusqu'à Londres.

Le Moine défroqué, & le Soldat Déserteur.

Du Révérend Pere Boüjeant, Jésuite.

Grammaire & *Dictionnaire* de la Langue des Sereins à l'usage des Linotes.

Le Nouveau Pythagore , ou la Métempsicose des *Diables.*

Amusemens sur l'*Enfer.*

Commentaires agréables de plusieurs Passages du N. T.

Les Amours des *Carpes.*

La Continuation des Exilés : Avec une petite Lettre qui prouve que l'humilité peut n'être qu'un Orgueil déguisé. On y a joint aussi un Traité de l'Abus des Allégories , par le R. P. *Brumoy* , Auteur du *Tamerlan.*

Du R. P. La Neufville.

Le Batelage de la Chair. Il fait avertir le Public , qu'on imprime ses *Sermons* avec les *Operas de Rameau* , sous le titre de Nouveautés à la mode.

De Monsieur l'Abbé Gyot Des Fontaines.

Des Moyens de s'approprier les Ouvrages d'autrui : Avec des Certificats de l'Auteur de l'*Histoire des Ducs de Bretagne*.

Dictionnaire de la Halle, pour l'intelligence de la *Voltairomanie*. Ouvrage bien plus nécessaire que le *Dictionnaire Théologique*.

De M. l'Abbé Pellegrin.

L'Art des Vers mesurables au compas, & Méthode facile pour les allonger & les raccourcir au besoin. On trouve dans le même volume le Tarif des Ouvrages de ce genre, intitulé le Barreme du Parnasse, auquel on a joint le Livret du prix des Ouvrages en Prose par l'*Abbé des Fontaines*, à l'usage des Négocians en Stile.

Les Chaussons, Poëme Burlesque.

De M. le Marquis d'Argens.

Preuves de la vérité de l'Histoire du *Juif errant*, en six volumes in-12.

Nouvelle Chronique scandaleuse.

Salmigondis de Bayle, Brantôme, l'Aretin, & autres Auteurs de même genre.

De M. Peſſelier.

Traité dans lequel on examine juſqu'à quel âge les *Muſes* peuvent ſe dire *jeunes*.

La Bazoche du *Parnaſſe*.

Eſope en Enfance.

La Crême foüettée du *Parnaſſe*.

Recüeil de Converſations en Vers, miſes au Théatre.

De Monſieur Lamarre.

L'Auteur Colporteur, approuvé par M. Le Fort.

De la Fatuité requiſe à l'Auteur d'un Ballet.

De M. l'Abbé Goujet.

Cartons ſans fin pour le Morery.

Le Grand Dictionnaire noyé dans le Supplément.

De M. Procope, Médecin.

Le Caffé Purgatif.

Eſope Médecin.

De differens Auteurs.

Méthode pour continuer un Ouvrage à l'infini, par M. Gay de Pitaval, Auteur du Roman des Plaideurs, en ftile du Palais, 18 vol. in 12.

Les Mille & une Difgraces, tant publiques que domeftiques, par M. Roy.

L'Homme - Femme, Comédie, par l'Auteur de Thélamire.

Les Dégoûts des Auteurs, & les Caprices des Comédiens, par M. Fagan.

Prothée, ou l'Inconftance, par M. De Nefle.

La Mufe Inutile, par l'Auteur de la Mufe Militaire.

La Léchefrite & la Chaife Percée, par l'Auteur de l'Ecumoire & du Canapé.

Continuation des *Egaremens du cœur & de l'efprit*, de M. *Crébillon* fils.

Memoires de Toinon, Servante de Cabaret, rédigés par *Gogo*, contenant des Avantures de Laquais & de Savoyards.

Plaintes de M. *Popino* contre Mademoifelle *Thérefe*, & fes Avis aux Financiers de ne recevoir chez eux aucune de leurs Niéces, qui font des Serpens qu'ils nourriffent dans leur fein, pour s'en voir cruellement déchirés.

Du Stile propre à décrire des Feux d'Artifice, ou Phrases en Fusées volantes & en Petards, par Mademoiselle *Thérese.*

De la commodité qu'un Auteur a d'être Censeur, pour approuver ses propres Ouvrages, par M. *De la Serre.*

Le Chevalier du Chapeau, ou le Défi d'un contre cinq cens, par M. Morand, Auteur de l'*Esprit du Divorce.*

Méthode pour apprendre à mettre en Prose les Ouvrages en Vers, & en Vers les Ouvrages qui sont en Prose, par M. Descazeaux, Translateur du *Tambour nocturne* (traduit de l'Anglois en bonne Prose par M. Destouches) en fort mauvais Vers dédiés à *Monseigneur le Public.*

Du Choix des Titres de jolies Piéces de Vers, par M. *De l'Isle*, Auteur du Qu'a-t'il ? Qu'a-t'elle ?

Projet d'Accommodement entre les Médecins & les Chirurgiens, sans préjudicier aux Droits des Apoticaires, par lequel il est réglé que les premiers sont les Juges, & les autres les Exécuteurs des Malades, par un Anonyme.

Les *Stratagêmes* du Parterre pour faire tomber des Piéces, malgré les *Stratagêmes* d'un Auteur pour les faire valoir, adressés à M. *Du Perron de Cartera*, Auteur des *Stratagêmes de l'Amour.*

La Giroüette, Allégorie de M. l'Abbé *Seigneur*, Docteur de Sorbonne.

L'Art du Ridicule, ou Méthode de rendre abſurdes les ſentimens les plus élevés & les maximes les plus judicieuſes, par *Romagneſi*.

Nouveaux *Contes* bleux, par Madame de *Gomez*.

Déciſions des Coups les plus importans qui peuvent arriver au Biribi, avec un Traité des Parolis de Campagne, par le Docteur *Mathanaſius*.

Anecdotes de la Cour de Claudion le Chevelu, par Mademoiſelle de *Lußan*.

Le *Je ne ſçais quoi de vingt minutes*, défini par le Fratras de douze ſols.

Diſcours ſur la Comédie, où l'on traite particulierement ce point : Qu'on peut en faire en deux ou trois Scénes, par l'Auteur du *Somnambule*.

L'École des Auteurs, adreſſée à celui de l'*Ecole du Monde*.

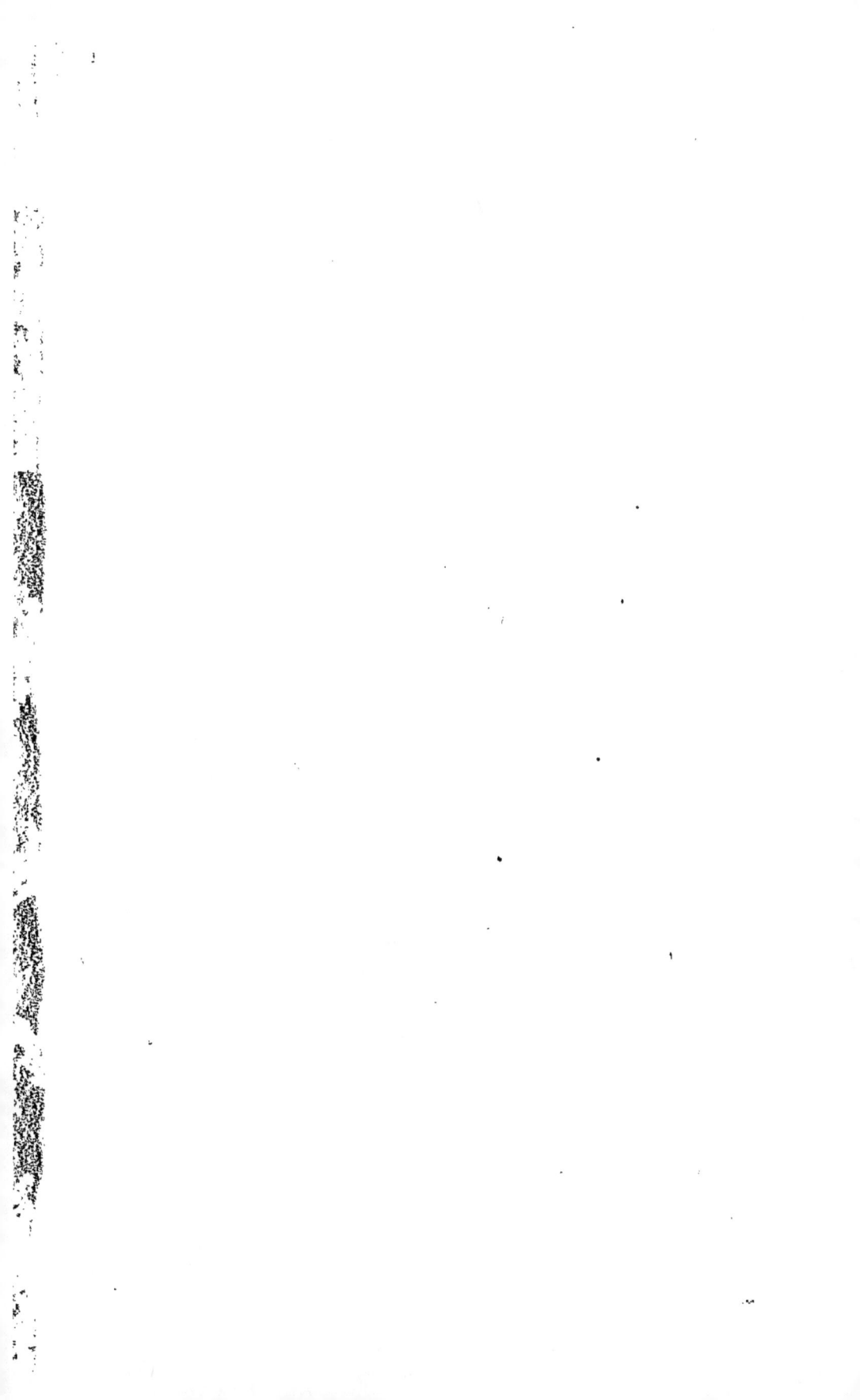

www.ingramcontent.com/pod-product-compliance
Lightning Source LLC
Chambersburg PA
CBHW070713210326
41520CB00016B/4317